DÉPARTEMENT DE VAUCLUSE

CARTE AGRONOMIQUE

DE LA COMMUNE DE

CARPENTRAS

DRESSÉE SOUS LES AUSPICES DU COMICE AGRICOLE DE CARPENTRAS

PAR MM.

RANCHIER, Pharmacien, Chimiste-Expert

PROST, Conducteur des Ponts et Chaussées

AVEC LE CONCOURS

Du Conseil Général et du Conseil Municipal

NOTICE EXPLICATIVE

CARPENTRAS

IMPRIMERIE-LIBRAIRIE JOSEPH SEGUIN, RUE PORTE-MONTEUX

1898

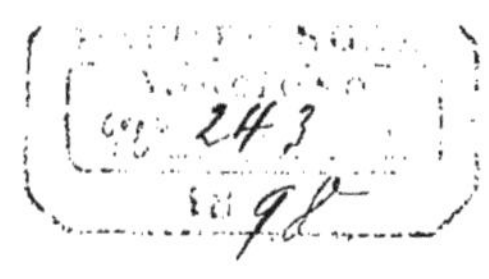

DÉPARTEMENT DE VAUCLUSE

CARTE AGRONOMIQUE

DE LA COMMUNE DE

CARPENTRAS

DRESSÉE SOUS LES AUSPICES DU COMICE AGRICOLE DE CARPENTRAS

PAR MM.

RANCHIER, Pharmacien, Chimiste-Expert

Et PROST, Conducteur des Ponts et Chaussées

AVEC LE CONCOURS

Du Conseil Général et du Conseil Municipal

NOTICE EXPLICATIVE

CARPENTRAS

IMPRIMERIE-LIBRAIRIE JOSEPH SEGUIN, RUE PORTE-MONTEUX

1898

CARTE AGRONOMIQUE

DE LA COMMUNE DE

CARPENTRAS

Situation

La commune de Carpentras occupe une superficie de 3792 hectares. Sa population au dernier recensement de 1896 était de 10628 habitants, ce qui représente un nombre de 280 par kilomètre carré.

Sa position au point de vue du méridien de Paris est comprise dans le 44° 3' 16" de latitude Est et sa longitude est de 2° 42' 40" Est, ce qui exprime en fonction du temps 10m 50s 7 en avance sur le méridien de Paris.

Elle est limitée au Nord par la commune de Caromb, au Levant par celle de Mazan, au Couchant par celle de Loriol et de Monteux et au Midi par celle de Pernes.

Orographie

L'orographie est déterminée, dans la commune de Carpentras, par le Brégoux, le Mède et l'Auzon.

Le Brégoux prend naissance aux pieds de l'Ecluse de Caromb, dans le ravin des Conforens. Son parcours est de 19 k. 300, sa largeur moyenne de 8 mètres ; dans les fortes crues il roule un volume de 78 mètres cubes. Il ne passe dans la commune de Carpentras que sur une très petite partie du territoire.

Le Mède prend sa source aux pieds du Mont-Ventoux, dans la commune de Bedoin, et se joint, à Loriol, au torrent du Brégoux pour constituer la grande Levade, après avoir traversé le territoire de Carpentras.

L'Auzon nous vient des collines de grès et de marne sableuse qui, entre Villes et Flassan, s'appuient contre le Ventoux. Il sort de ces collines à Mormoiron, arrose la vallée de Mazan où, par suite d'un barrage établi dans la rivière, il fournit l'eau nécessaire à l'alimentation des habitants de cette ville. Il passe ensuite sous les murs de Carpentras en traversant son territoire du levant au couchant et se jette dans la Sorgue dans la commune de Bédarrides.

L'Auzon manque rarement d'eau, même pendant les plus fortes chaleurs. Son parcours est de 31 k. 370 mètres; il donne dans les grandes crues jusqu'à 30 mètres cubes par seconde.

Cultures

Les plateaux et les côteaux non irrigués sont complantés en vignes, oliviers et amandiers. On y cultive également le blé, l'avoine et le millet à balais. On trouve quelques chênes truffiers.

Les parties irriguées sont réservées à la culture des primeurs, fraises, petits pois, etc., et des prairies. On y trouve également le blé, l'avoine, la luzerne, les pommes de terre et le millet à balais.

Statistique

La surface de la commune est de 3792 hectares se divisant comme il suit :

Surface cultivée................	3565	hectares
— non cultivée..	38	—
Territoire non agricole.........	189	—

Les surfaces occupées par les principales cultures sont :

Blé.........................	1292	hectares
Avoine......................	145	—
Pommes de terre............	50	—
Millet à balais..............	45	—
Artichauts, Asperges, Petits pois	23	—
Fraises......................	265	—
Prairies naturelles...........	345	—
— artificielles...........	379	—
Oliviers	310	—
Amandiers	35	—

Muriers	25	—
Vignes	525	—
Jardins	102	—
Bois	16	—

La surface irriguée par le canal de Carpentras est de 521 hectares.
— — les divers cours d'eau 120 —

Division de la propriété

La propriété est très divisée. La commune compte 7978 parcelles et 2446 propriétés, savoir :

1841 au-dessous de 1 hectare	—	8 de 20 à 30 hectares
456 de 1 à 5 hectares	—	5 de 30 à 40 —
99 de 5 à 10 hectares	—	2 de 50 à 100 —
35 de 10 à 20 hectares		

Le faire-valoir direct par le propriétaire représente le 36 % de la main d'œuvre utilisée.

Sous-sol géologique

Les terrains géologiques de la commune de Carpentras appartiennent aux époques *Tertiaire* et *Quaternaire*, ce sont :

1° **La Molasse Marine** *du Miocène moyen (sous étage helvétien)*. — Elle est constituée, à la base, par une marne argilo-siliceuse que l'on emploie quelquefois pour terre à briques ou à poteries. Au-dessus se trouvent des bancs formés de grains plus ou moins fins de quartz, de mica et de calcaire, unis par un ciment argilo-calcaire, que l'on désigne sous le nom de *safre*. Enfin des conglomérats (*poudingue*) à galets siliceux recouverts d'une couche détritique formant un sol argilo-siliceux. Ces diverses couches sont très visibles dans la tranchée du chemin de fer d'Orange, au quartier de la Garrigue. Ce terrain est indiqué sur la carte par une teinte violette et la lettre M. Il constitue les collines de la Lègue et les parties élevées au-dessus de la plaine, ainsi que la rive gauche du Mède et de l'Auzon.

2° **Les alluvions anciennes.** - Elles recouvrent les sommets de la Lègue, le plateau de Serre et la Plaine, et reposent soit sur le safre ou sur les conglomérats de la Molasse. Elles sont formées de cailloux siliceux arrondis, mélangés à des limons brun foncé, argilo-siliceux.

Ce terrain est indiqué sur la carte par une teinte verdâtre et la lettre A.

3° **Les éboulis.** — Ils sont constitués à la base des côteaux par le safre détritique et les alluvions mélangés sous l'action lente et prolongée des eaux, des vents et des gelées.

Ils sont indiqués sur la carte par une teinte bistre et la lettre E.

Analyse du sol arable

Nous avons prélevé sur l'étendue de la commune 135 échantillons, se répartissant comme il suit :

35 échantillons dans la Molasse
85 — les Alluvions anciennes
15 — les Eboulis

Les tableaux qui suivent donnent la position cadastrale des points où les échantillons ont été prélevés et les analyses physiques et chimique de ces échantillons.

Nous ne rentrerons pas dans la description des procédés chimiques employés pour arriver à ces résultats ; nous dirons seulement que nous avons suivi rigoureusement la marche indiquée par le Comité consultatif des stations agronomiques et des Laboratoires agricoles dans ses « Méthodes d'analyses des terres. ».

Chaque échantillon a été analysé dans sa teneur en éléments constituants de la terre : cailloux, graviers, terre fine, d'une part ; argile, sable et calcaire, d'autre part. Puis la terre fine a été reprise au point de vue des matières fertilisantes indispensables aux plantes : azote, acide phosphorique, potasse et chaux totale.

TABLEAU

Indiquant la position cadastrale des points où les échantillons ont été prélevés et la nature des terrains

N° des ÉCHANTILLONS	QUARTIERS	SECTIONS DU CADASTRE	NUMÉROS DU CADASTRE	NATURE DU TERRAIN
1	Terre blanche	A	16	Silico-Argileux
2	Pierre du Coq	A	210	Argilo-siliceux
3	Id.	A	330	Argilo-calcaire
4	Le Lac	A	262	Silico-calcaire
5	L'Étang	A	249	Silico-argileux
6	Le Lac	A	118	Silico-calcaire
7	Saint-Roch	B	561	Silico-argileux
8	Id.	B	471	Id.
9	Consenas	B	167	Id.
10	Saint-Roch	B	352	Id.
11	Consenas	B	124	Argilo-siliceux
12	Saint-Roch	B	579	Id.
13	L'Hermitage	B	4	Id.
14	Serres	B	32	Silico-argileux
15	L'Hermitage	B	10	Id.
16	Le Vas	C	157	Argilo-calcaire
17	Les Carmes	C	61	Silico-argileux
18	Saint-Martin	C	45	Argilo-siliceux
19	Id.	C	54	Argilo-calcaire
20	Les Galères	C	224	Silico-argileux
21	Les Fonteniers	D	68	Argilo-siliceux
22	Id.	D	164	Silico-argileux
23	Angèle	D	870	Argilo-siliceux
24	La Chaume	D	255	Silico-argileux
25	Les Fonteniers	D	317	Argilo-calcaire
26	La Reynarde	D	441	Argilo-siliceux
27	Serres	D	366	Silico-argileux
28	Sersan	C	437	Argilo-calcaire
29	Rocan	C	304	Silico-argileux

Nos des ÉCHANTILLONS	QUARTIERS	SECTIONS DU CADASTRE	NUMÉROS DU CADASTRE	NATURE DU TERRAIN
30	Clos de Serres	C	240	Argilo-siliceux
31	Puits de Serres	C	732	Calcaire-argileux
32	Serres	C	988	Argilo-calcaire
33	Sersan	C	336	Argilo-siliceux
34	Campagnoles	C	566	Id.
35	Id.	C	627	Argilo-calcaire
36	Sersan	C	340	Silico-argileux
37	Mourre de Campagnery	C	797	Silico-calcaire
38	Id.	C	750	Silico-argileux
39	Joncquier	C	857	Argilo-calcaire
40	La Fourtrouse	D	493	Argilo-siliceux
41	Id.	D	649	Id.
42	Id.	B	278	Id.
43	L'Aqueduc	D	1257	Silico-calcaire
44	Id.	D	1204	Silico-argileux
45	La Fourtrouse	D	564	Argilo-calcaire
46	L'Aqueduc	D	1220	Argilo-siliceux
47	Angèle	D	711	Id.
48	Rossan	D	993	Id.
49	Id.	D	1131	Id.
50	L'Aqueduc	D	1295	Silico-argileux
51	Le Lavoir	B	770	Id.
52	Le Martinet	D	1082	Id.
53	Id.	D	1137	Argilo-calcaire
54	Le Castellas	E	1066	Silico-argileux
55	Id.	E	1093 bis	Id.
56	Le Martinet	D	1053	Id.
57	Boudelly	E	4	Silico-calcaire
58	Le Castellas	E	1047	Argilo-siliceux
59	Id.	E	1002	Silico-argileux
60	Les Teyssières	E	62	Argilo-siliceux
61	Id.	E	59	Id.
62	Id.	E	29	Silico-argileux
63	Boudelly	E	532	Id.

Nos des ÉCHANTILLONS	QUARTIERS	SECTIONS (DU CADASTRE)	NUMÉROS (DU CADASTRE)	NATURE DU TERRAIN
64	Les Capucins	E	863	Silico-calcaire
65	La Boudale	E	177	Argilo-siliceux
66	Id.	E	148	Id.
67	Les Trouillas	E	219	Silico-calcaire
68	Id.	E	321	Id.
69	Id.	E	363	Silico-argileux
70	Id.	E	332	Calcaire-siliceux
71	La Gardy	E	463	Silico-argileux
72	Id.	E	482	Argilo-siliceux
73	Le Chemin-creux	F	884	Silico-argileux
74	Id.	F	789	Id.
75	Les Saffras	E	737	Id.
76	La Gardy	E	650	Argilo-calcaire
77	Les Teyssières	E	87	Argilo-siliceux
78	La Masque	F	2	Id.
79	Mourre de Cabus à la Lègue	F	159	Silico-argileux
80	Id.	F	220	Id.
81	Id.	F	49	Id.
82	Fauconnette	F	343	Argilo-siliceux
83	Id.	F	460	Silico-argileux
84	La Saumaresse	F	483	Id.
85	Parpaillon	F	829	Silico-calcaire
86	Id.	F	671	Silico-argileux
87	Vélobre	F	634	Id.
88	Lanson	F	564	Id.
89	Les Sablières	E	819	Argilo-siliceux
90	La Cadenière	F	784	Silico-argileux
91	St-Ponchon	F	1471	Id.
92	Id.	F	1471	Argilo-siliceux
93	Vieux Bounias	F	1221	Id.
94	Pigcolet	F	1365	Id.
95	Les Escours	F	1425	Id.
96	Id.	F	1423	Id.
97	Poux du Plan	F	1385	Silico-argileux

Nos des ÉCHANTILLONS	QUARTIERS	SECTIONS (DU CADASTRE)	NUMÉROS (DU CADASTRE)	NATURE DU TERRAIN
98	Poux du Plan	F	1345	Argilo-siliceux
99	Id.	G	199	Silico-argileux
100	Saint-Ponchon	G	213	Id.
101	Id.	G	210	Id.
102	Les Bouissonnades	G	305	Id.
103	Poux du Plan	G	181	Id.
104	Id.	G	104	Id.
105	Id.	G	132	Id.
106	Saint-André	F	1244	Id.
107	Id.	F	1148	Argilo-siliceux
108	Saint-Labre	F	1090	Id.
109	Terradou	G	87	Id.
110	Poux du Plan	G	181	Id.
111	Terradou	G	445	Id.
112	Sous l'Hopital	G	51	Silico-Argileux
113	Terradou	H	173	Argilo-siliceux
114	La Sainte-Famille	H	97	Silico-argileux
115	Id.	H	93	Id.
116	Les Lones	H	209	Argilo-siliceux
117	Terradou	H	284	Silico-calcaire
118	Id.	H	148	Silico-argileux
119	Id.	H	114	Id.
120	Saint-Dominique	H	92	Argilo-siliceux
121	Terradou	H	362	Id.
122	Id.	H	309	Silico-argileux
123	Id.	I	140	Argilo-siliceux
124	Plumanel	I	413	Id.
125	La Quintine	I	1	Silico-argileux
126	Terradou	I	331	Argilo-siliceux
127	Id.	I	176	Silico-argileux
128	Ville-Marie	I	132	Argilo-siliceux
129	Marignane	A	787	Argilo-calcaire
130	Id.	A	850	Argilo-siliceux
131	La Crosette	A	643	Silico-calcaire
132	Les Cinq-Cantons	A	428	Calcaire-argileux
133	Cabanis	A	499	Argilo-siliceux
134	L'Hopital-vieux	A	527	Silico-argileux
135	Pont-des-Fonts	E	914	Argilo-siliceux

TABLEAU

Indiquant le résultat des analyses physico-chimiques

N^os des échantillons	Cailloux	Gravier	Terre fine	Calcaire	Sable	Argile
	Analyse physique					
	pour 0/00 de terre brute			pour 0/00 de terre fine		
	gr.	gr.	gr.	gr.	gr.	gr.
1	214	116	670	204	433	363
2	330	113	557	80	383	537
3	21	60	919	344	285	371
4	57	72	871	248	515	237
5	122	93	785	52	715	233
6	23	39	938	300	485	215
7	131	76	793	118	485	397
8	125	73	802	48	708	244
9	94	23	884	28	790	182
10	141	101	758	64	475	461
11	277	94	629	192	397	411
12	88	92	820	104	413	483
13	282	92	626	220	366	414
14	224	59	717	52	567	381
15	182	33	785	12	586	402
16	230	33	737	352	280	368
17	108	33	850	124	582	294
18	0	16	984	136	340	524
19	0	14	986	304	275	421
20	169	38	793	152	552	296
21	97	24	879	172	395	433
22	50	41	909	52	484	464
23	181	58	761	80	455	465
24	236	49	715	192	485	323
25	218	24	758	320	290	390
26	279	64	657	60	450	490
27	9	15	976	192	615	193
28	29	30	941	248	163	589
29	21	24	955	120	477	403
30	30	29	941	228	325	447
31	12	7	981	400	273	327

N^os des échantillons	Azote	Acide phosphorique	Potasse	Chaux totale
	Analyse chimique			
	pour 0/00 de terre fine			
	gr.	gr.	gr.	gr.
1	0,434	0.645	0,712	130
2	0.546	0 537	0,644	80
3	0,315	0,645	0.407	270
4	0,385	1.225	0,678	180
5	0,546	0,860	0,644	50
6	0,210	0.817	0,406	225
7	0,880	1.419	0,640	80
8	0.250	0,774	0,576	40
9	0,490	0.322	0,440	40
10	0,609	0.838	0.440	50
11	0,535	0,387	0,508	160
12	0.406	0.645	0.678	90
13	0,504	1.247	0,615	190
14	0,444	0.903	1.017	50
15	0,280	0,847	1,020	67
16	0.630	1.720	1,017	340
17	0,581	1,075	2,035	110
18	0,420	1,462	2.542	270
19	0,455	1,720	1,017	255
20	0,385	1,548	1,148	150
21	0,402	1,118	1,274	150
22	0,541	0,817	1,095	50
23	0,364	1,947	1,200	54
24	0,364	1,204	0,847	70
25	0,469	1,505	0,508	255
26	0,443	0,645	0,678	75
27	0,280	0,537	1,525	200
28	0,532	1,139	2,034	200
29	0,350	0,800	1,525	120
30	0,490	0,946	1,095	230
31	0,294	0,817	1,186	280

Analyse Physique

Nos des échantillons	Cailloux	Gravier	Terre fine	Calcaire	Sable	Argile
	pour 0/00 de terre brute			pour 0/00 de terre fine		
	gr.	gr.	gr.	gr.	gr.	gr.
32	17	8	975	256	220	524
33	9	10	981	108	280	612
34	160	52	788	212	315	473
35	93	20	887	228	90	682
36	26	8	966	128	630	242
37	200	129	671	324	455	221
38	19	9	972	216	426	358
39	10	20	970	252	192	556
40	217	118	665	128	410	462
41	250	109	641	154	410	436
42	25	21	954	108	440	452
43	220	46	734	312	430	258
44	72	23	905	180	490	330
45	259	41	700	332	274	394
46	128	30	842	156	415	429
47	243	59	798	264	325	411
48	223	44	733	218	385	397
49	123	47	830	276	350	374
50	12	30	958	152	595	253
51	128	21	851	88	530	382
52	129	28	843	112	480	408
53	21	26	953	334	195	471
54	102	12	886	188	480	332
55	26	6	968	276	415	309
56	59	17	924	232	415	353
57	81	17	902	268	495	237
58	147	23	830	132	395	473
59	129	20	851	40	485	475
60	24	9	967	28	330	642
61	306	31	663	184	278	358
62	262	26	712	228	450	322

Analyse Chimique

Nos des échantillons	Azote	Acide phosphorique	Potasse	Chaux totale
	pour 0/00 de terre fine			
	gr.	gr.	gr.	gr.
32	1.155	0.967	2.034	220
33	0.072	0.645	1.700	390
34	0.420	0.633	1.206	180
35	0.105	0 967	1,206	185
36	0.315	0.708	0.847	200
37	0,140	0.344	1.017	160
38	0.280	0.666	0,508	190
39	0.350	0.860	1,186	220
40	0.500	1.161	1.525	90
41	0.535	1.397	2.034	110
42	0.630	1.333	2.034	75
43	0.535	1.290	1.780	240
44	0,336	0.752	1.017	160
45	0.595	1.075	1.949	260
46	0.595	0,967	2.542	100
47	0.595	1.032	2.547	200
48	0,672	0,817	2.542	235
49	0.350	0.860	2.373	100
50	0,210	0.752	2.203	80
51	0.483	0.408	2.627	52
52	0,280	0.705	2.644	70
53	0.560	0.709	2.593	400
54	0.483	0.881	2,373	100
55	0,496	0,774	2.542	110
56	0,524	0.591	2.542	100
57	0.349	1.075	2.627	180
58	0.304	0,946	1.695	110
59	0.378	1.096	1.730	50
60	0,536	0.537	2.644	40
61	0.804	0.408	2.542	120
62	0.349	0.430	2,627	120

ANALYSE PHYSIQUE

Nos DES ÉCHANTILLONS	CAILLOUX	GRAVIER	TERRE FINE	CALCAIRE	SABLE	ARGILE
	pour 0/00 de terre brute			*par 0/00 de terre fine*		
	gr.	gr.	gr.	gr.	gr.	gr.
63	75	13	912	228	395	377
64	9	7	984	420	455	125
65	37	17	946	174	277	549
66	37	17	946	248	258	494
67	20	8	972	256	505	239
68	71	11	918	324	354	322
69	83	16	901	180	490	330
70	28	6	966	440	352	208
71	75	21	904	156	490	354
72	105	32	863	224	345	431
73	51	23	926	312	350	338
74	27	17	956	264	383	353
75	60	23	917	244	452	304
76	49	16	935	260	197	543
77	36	15	949	228	380	392
78	35	13	952	198	338	464
79	25	5	970	46	530	424
80	0	13	987	248	388	364
81	8	11	981	204	468	328
82	48	6	946	240	332	428
83	15	10	975	232	445	323
84	6	10	984	122	455	423
85	132	16	752	296	576	128
86	186	57	757	272	445	283
87	16	10	974	168	544	288
88	4	6	990	116	586	298
89	9	8	983	274	360	366
90	3	7	990	204	410	386
91	81	11	908	238	418	344
92	68	13	919	80	304	556
93	69	9	922	96	465	439

ANALYSE CHIMIQUE

Nos DES ÉCHANTILLONS	AZOTE	ACIDE PHOSPHORIQUE	POTASSE	CHAUX TOTALE
	pour 0/00 de terre fine			
	gr.	gr.	gr.	gr.
63	0.239	0.903	2.746	200
64	0.349	1.482	1.186	150
65	0.378	0.473	1.206	200
66	0.378	0.752	1.695	170
67	0.233	0.580	1.864	210
68	0.338	0.387	2.200	235
69	0.524	0.602	2.200	160
70	0.233	0.645	1.780	260
71	0.304	0.752	1.206	130
72	0.548	1.032	1.605	200
73	0.116	0.924	1.605	260
74	0.291	0.602	1.695	200
75	0.262	0.752	1.200	210
76	0.175	0.838	0.339	230
77	0.500	0.305	0.424	180
78	0.490	1.010	0.469	160
79	0.574	0.400	0.203	50
80	0.840	0.645	0.169	175
81	0.540	0.800	0.254	115
82	0.420	0.900	0.203	110
83	0.735	0.470	0.078	180
84	0.420	0.507	0.152	100
85	0.455	0.924	0.237	80
86	0.374	0.408	0.339	150
87	0.455	0.602	0.169	120
88	0.420	0.473	0.254	60
89	0.416	0.817	0.135	95
90	0.315	0.731	0.208	150
91	0.420	0.537	0.169	80
92	0.595	0.381	0.339	70
93	0.455	0.408	0.135	85

Nos DES ÉCHANTILLONS	ANALYSE PHYSIQUE					
	CAILLOUX	GRAVIER	TERRE FINE	CALCAIRE	SABLE	ARGILE
	pour 0/00 de terre brute			par 0/00 de terre fine		
	gr.	gr.	gr.	gr.	gr.	gr.
94	11	6	983	124	300	576
95	10	6	975	232	290	478
96	48	11	941	64	375	561
97	187	31	782	16	635	349
98	23	5	972	46	400	494
99	82	46	872	9	780	211
100	99	33	808	12	625	363
101	111	24	865	32	610	358
102	340	60	600	100	580	320
103	74	25	901	160	430	410
104	79	30	891	60	510	430
105	44	23	933	20	675	305
106	10	11	975	78	540	382
107	43	9	948	236	300	464
108	5	16	980	234	375	391
109	42	26	932	108	395	497
110	163	58	779	80	405	515
111	249	57	694	44	410	546
112	118	52	840	230	410	360
113	248	87	665	42	455	503
114	277	73	650	240	380	380
115	151	34	815	96	475	429
116	57	23	920	264	365	371
117	265	120	615	264	475	261
118	136	44	820	18	540	442
119	281	60	659	180	475	345
120	187	25	788	240	330	430
121	223	44	733	112	435	453
122	184	63	753	240	505	255
123	314	120	536	88	400	512
124	243	75	682	80	390	530

Nos DES ÉCHANTILLONS	ANALYSE CHIMIQUE			
	AZOTE	ACIDE PHOSPHORIQUE	POTASSE	CHAUX TOTALE
	pour 0/00 de terre fine			
	gr.	gr.	gr.	gr.
94	0.392	0.516	0.135	100
95	0.280	0.580	0.237	155
96	0.910	0.602	0.508	60
97	0.815	0.559	0.593	30
98	0.500	0.795	0.593	45
99	0.735	0.731	0.762	90
100	0.700	1.182	0.423	12
101	0.538	0.752	0.423	30
102	0.560	1.591	0.644	65
103	0.924	1.182	0.423	125
104	0.770	1.307	0.508	52
105	0.574	1.860	0.423	24
106	0.525	0.860	0.678	60
107	1.155	1.118	0.701	262
108	0.560	1.010	0.983	270
109	0.630	1.010	1.017	190
110	0.875	0.817	1.186	80
111	0.770	0.817	2.034	50
112	0.280	0.817	2.034	180
113	0.875	0.817	2.542	50
114	0.812	1.032	2.644	150
115	0.910	0.967	2.576	85
116	0.840	0.215	1.330	120
117	0.350	0.279	1.491	130
118	0.840	0.322	1.695	25
119	0.714	0.537	1.180	95
120	0.581	0.516	1.390	120
121	0.588	0.559	0.678	80
122	0.595	0.774	2.034	120
123	0.910	0.645	0.847	50
124	0.875	0.752	1.186	50

Nos des échantillons	Analyse Physique					
	Cailloux	Gravier	Terre fine	Calcaire	Sable	Argile
	pour 0/00 de terre brute			pour 0/00 de terre fine		
	gr.	gr.	gr.	gr.	gr.	gr.
125	128	53	819	204	475	321
126	109	31	800	208	335	457
127	166	42	792	142	525	333
128	133	22	845	90	355	555
129	116	16	868	232	185	583
130	11	14	975	252	300	448
131	76	26	828	260	530	210
132	73	30	897	380	275	345
133	72	50	878	300	330	370
134	30	15	955	220	440	340
135	80	43	877	288	325	387

Nos des échantillons	Analyse Chimique			
	Azote	Acide phosphorique	Potasse	Chaux totale
	pour 0/00 de terre fine			
	gr.	gr.	gr.	gr.
125	0.630	0.537	1.186	100
126	0.812	0.817	1.101	105
127	0.770	0.430	0.678	100
128	0.560	0 494	0.763	180
129	0.518	0.666	0.847	190
130	0.505	0.602	0.508	140
131	0.553	0.763	0.508	175
132	0.455	0.430	0.678	170
133	0.539	0.516	0.763	175
134	0.539	0.623	0.847	180
135	0.350	0.537	0.847	140

POIDS des éléments constituants et des matières fertilisantes contenues dans 1000 grammes de terre brute.

N°s des Échantillons	Argile	Sable	Calcaire	Azote	Acide phosphoriq.	Potasse	Chaux totale
	gr.	gr.	gr.	gr.	gr.	gr.	gr.
1	243	290	137	0.291	0.432	0.477	87.99
2	299	243	45	0.304	0.299	0 359	44.56
3	344	262	316	0.289	0.593	0.374	248.43
4	206	449	216	0.335	1.067	0 591	156.78
5	183	561	41	0.429	0.675	0.506	39.25
6	201	456	281	0.197	0.766	0.381	211.05
7	314	383	93	0.300	1.121	0.482	63.21
8	196	568	38	0.200	0.621	0.462	32.08
9	161	698	25	0.433	0.285	0 382	35 36
10	349	360	49	0 462	0.635	0 334	37.90
11	259	249	121	0.337	0.243	0.320	100.64
12	396	339	85	0.333	0 529	0.556	73.80
13	259	220	138	0.316	0.781	0.385	118.94
14	273	407	37	0.316	0.647	0.729	35.85
15	316	460	9	0.220	0.641	0.801	52.60
16	272	206	259	0.464	1.268	0.750	228.47
17	252	500	107	0.499	0.923	1.747	94.49
18	516	335	133	0.413	1.432	2 501	265.68
19	415	271	300	0.449	1.696	1.003	258.43
20	234	438	121	0.305	1.228	0.910	118.95
21	381	347	151	0.404	0.983	1.117	131.85
22	422	440	47	0.464	0.743	1.541	45.45
23	354	346	61	0.277	0.949	0.918	41.09
24	231	347	137	0.260	0.861	0.606	50.05
25	295	220	243	0.356	1.141	0.440	193 30
26	322	296	39	0.271	0.424	0.445	49.28
27	189	600	187	0.273	0.524	1.488	195.20
28	555	153	233	0.500	1.072	1.914	188.20
29	385	455	115	0.334	0 821	1.456	114.60
30	420	306	215	0.461	0.890	1.595	216.43

Nos des échantillons	Argile	Sable	Calcaire	Azote	Acide phosphoriq.	Potasse	Chaux totale
	gr.	gr.	gr.	gr.	gr.	gr.	gr.
31	324	268	392	0.288	0.801	1.463	274.08
32	250	245	510	1.426	0.943	1.983	214.50
33	600	275	106	0.659	0.633	1.667	88.29
34	373	248	167	0.331	0.499	0.950	141.84
35	605	80	202	0.093	0.858	1.070	164.10
36	233	609	124	0.304	0.737	0.818	193.20
37	148	305	218	0.094	0.231	0.682	111.39
38	349	413	210	0.272	0.647	0.494	184.68
39	540	186	244	0.340	0.834	1.450	213.40
40	307	273	85	0.372	0.772	1.014	59.85
41	99	263	279	0.343	0.895	1.304	70.54
42	431	420	103	0.601	1.272	1.940	71.55
43	189	316	229	0.393	0.947	1.307	176.16
44	299	443	163	0.304	0.681	0.920	144.80
45	276	192	232	0.417	0.753	1.364	182.00
46	362	349	131	0.501	0.814	2.140	84.20
47	328	259	211	0.415	0.720	1.778	139.60
48	291	282	160	0.493	0.599	1.863	172.25
49	310	291	229	0.291	0.714	1.970	83.00
50	242	570	146	0.201	0.720	2.110	67.64
51	325	454	75	0.411	0.347	2.236	44.25
52	344	405	94	0.236	0.670	2.229	59.01
53	449	186	318	0.534	0.676	2.471	381.20
54	294	425	167	0.428	0.781	2.102	88.60
55	299	402	267	0.474	0.749	2.461	106.48
56	327	383	214	0.481	0.546	2.349	92.40
57	214	446	242	0.315	0.970	2.370	162.36
58	392	328	110	0.252	0.785	1.407	91.30
59	404	413	34	0.322	0.933	1.472	42.55
60	621	319	27	0.518	0.519	2.556	38.68
61	357	184	122	0.533	0.271	1.685	79.56
62	230	320	162	0.248	0.306	1.870	85.44
63	544	360	208	0.218	0.824	2.504	182.40

Nos des Échantillons	Argile	Sable	Calcaire	Azote	Acide phosphoriq.	Potasse	Chaux
	gr.	gr.	gr.	gr.	gr.	gr.	gr.
64	124	448	412	0.343	1.163	1.167	147.60
65	519	262	165	0.356	0.447	1.141	189.20
66	467	244	235	0.358	0.711	1.603	160.82
67	232	491	249	0.226	0.564	1.812	204.12
68	296	325	297	0.310	0.355	2.020	215.73
69	297	442	162	0.472	0.542	1.982	144.16
70	201	340	425	0.225	0.623	1.719	251.16
71	320	443	141	0.275	0.680	1.134	117.52
72	346	277	180	0.440	0.829	1.361	160.60
73	313	324	289	0.107	0.856	1.570	240.76
74	338	366	252	0.278	0.576	1·620	191.20
75	279	414	224	0.240	0.690	1.106	192.57
76	508	184	243	0.164	0.784	0.317	215.04
77	372	361	216	0.475	0.346	0.402	170.82
78	446	322	188	0.466	0.962	0.161	95.20
79	411	514	45	0.557	0.388	0.197	48.50
80	359	383	245	0.829	0.637	0.167	172.73
81	322	459	200	0.530	0.844	0.249	112.82
82	405	314	227	0.397	0.854	0.192	104.06
83	315	434	226	0.717	0.458	0.661	175.50
84	416	448	120	0.413	0.499	0.150	98.40
85	96	433	223	0.342	0.695	0.178	60.16
86	214	337	206	0.281	0.309	0.257	113.55
87	280	530	163	0.434	0.586	0.165	116.88
88	295	580	115	0.416	0.468	0.251	59.40
89	360	354	269	0.409	0.803	0.133	93.39
90	382	406	202	0.312	0.724	0.201	148.50
91	312	380	216	0.381	0.488	0.153	72.64
92	510	335	74	0.547	0.350	0.311	64.33
93	404	429	89	0.420	0.376	0.125	78.37
94	564	297	122	0.385	0.507	0.133	98.30
95	466	283	226	0.273	0.566	0.231	151.13
96	528	353	60	0.856	0.566	0.478	56.44

N°s des échantillons	Argile	Sable	Calcaire	Azote	Acide phosphoriq.	Potasse	Chaux totale
	gr.	gr.	gr.	gr.	gr.	gr.	gr.
97	272	497	13	0.637	0.437	0.464	23.46
98	480	447	45	0.544	0.772	0.576	43.74
99	184	680	8	0.641	0.637	0.664	78.48
100	345	543	10	0.608	1.026	0.367	10.42
101	309	528	28	0.465	0.650	0 366	25 95
102	192	348	60	0.316	0.955	0.386	39.00
103	370	387	144	0.833	1.065	0.381	112 63
104	384	454	53	0 686	1.244	0.453	46.33
105	285	629	19	0.536	1.735	0.395	22.39
106	372	527	76	0.512	0 839	0.661	58.50
107	440	284	224	1.095	1.060	0.665	248.37
108	383	368	229	0.549	0.990	0.963	264.60
109	463	368	101	0.618	0.941	0.948	177 08
110	402	345	62	0.681	0.636	0.924	62.32
111	378	285	31	0.534	0.567	1 412	34.70
112	303	344	193	0.235	0 686	1.713	151 20
113	334	303	28	0.582	0 543	1.690	33.25
114	247	247	156	0.528	0.671	1.749	97 50
115	350	387	78	0.742	0.788	2.099	69.28
116	341	336	243	0.770	0.998	1.229	110.40
117	162	292	162	0.215	0.172	0.917	79.95
118	362	443	15	0.689	0.264	1.390	20.50
119	227	313	119	0.471	0.354	0 782	62.61
120	339	260	189	0.458	0.407	1.095	94.56
121	332	319	82	0.431	0.410	0.497	58.64
122	192	380	181	0.448	0.583	1.532	99.36
123	275	214	47	0 488	0 346	0.454	26.80
124	361	266	55	0.597	0.513	0.809	34.10
125	263	389	167	0.516	0 440	0.971	81.90
126	366	268	166	0.650	0 654	0.881	84.00
127	264	416	112	0.610	0 341	0.535	79.20
128	469	309	76	0.473	0 417	0.645	152.10
129	506	161	201	0.450	0 578	0.735	164.92

N°s des Échantillons	Argile	Sable	Calcaire	Azote	Acide phosphoriq.	Potasse	Chaux totale
	gr.	gr.	gr.	gr.	gr.	gr.	gr.
130	436	293	246	0.580	0.587	0.495	136.50
131	174	439	215	0.497	0.685	0.456	157.15
132	309	247	341	0.408	0.386	0.608	152.49
133	325	290	263	0.473	0.453	0.670	153.65
134	325	420	210	0.515	0.595	0.809	171.90
135	339	285	253	0.482	0.471	0.743	122.78

POIDS des Matières fertilisantes contenues dans un hectare, en admettant une couche moyenne de terre arable de 0m.20 d'épaisseur et 2500 kg. comme poids moyen d'un mètre cube de terre brute.

Nos des ÉCHANTILLONS	AZOTE	ACIDE PHOSPHORIQUE	POTASSE	CHAUX TOTALE
	kg.	kg.	kg.	kg.
1	1455	2160	2385	435.500
2	1520	1495	1795	222.800
3	1445	2965	1870	1240.650
4	1675	5335	2955	783.900
5	2145	3375	2530	196.255
6	985	3830	1905	1055.250
7	1500	5605	2410	316.050
8	1000	3105	2310	160.400
9	2165	1425	1910	176.800
10	2310	3175	1670	189.500
11	1685	1215	1600	503.200
12	1665	2645	2780	369.000
13	1580	3905	1925	594.700
14	1580	3235	3645	179.250
15	1100	3205	4050	263.000
16	2320	6340	3750	1142 350
17	2495	4615	8735	472 450
18	2065	7160	12505	1328.400
19	2245	8480	5015	1257.150
20	1525	6140	4550	594.750
21	2020	4915	5585	659.250
22	2320	3715	7705	227.250
23	1385	4745	4590	205.450
24	1300	4305	3030	250.250
25	1780	5705	2200	966.550
26	1355	2120	2225	246.400
27	1365	2620	2440	976.000
28	2500	5360	9570	941.000

Nos des ÉCHANTILLONS	AZOTE	ACIDE PHOSPHORIQUE	POTASSE	CHAUX TOTALE
	kg.	kg.	kg.	kg.
29	1670	4105	7280	573.000
30	2305	4450	7975	1082.150
31	1140	4005	5815	1370.400
32	5630	4715	9915	1072.500
33	3295	3165	8335	441.450
34	1655	2495	4750	709.200
35	465	4290	5350	820.500
36	1520	3085	4090	966.000
37	470	4155	3410	556.950
38	1360	3235	2470	923.400
39	1700	4170	5750	1067.000
40	1860	3860	5070	299.250
41	1745	4475	6520	352.550
42	3005	6360	9700	357.550
43	1965	4785	6535	880.800
44	1520	3405	4600	724.000
45	2085	3765	6820	910.000
46	2505	4070	10700	421.000
47	2075	3600	8890	698.000
48	2465	2995	9315	861.250
49	1455	3570	9850	415.000
50	1005	3600	10550	338.200
51	2055	1735	11180	221.250
52	1180	3350	11145	295.050
53	2670	3380	12355	190.600
54	2140	3905	10510	443.000
55	2370	3745	12305	532.400
56	2420	2730	11745	462.000
57	1575	4850	11850	811.800
58	1260	3925	7035	456.500
59	1610	4665	7360	212.750
60	2590	2505	12780	193.400
61	2615	1355	8425	397.800

Nos des ÉCHANTILLONS	AZOTE	ACIDE PHOSPHORIQUE	POTASSE	CHAUX TOTALE
	kg.	kg.	kg.	kg.
62	1240	1530	9350	427.200
63	1090	4120	12520	912.000
64	1715	5815	5835	738.000
65	1780	2235	5705	946.000
66	1790	3555	8015	804.100
67	1130	2820	9060	1020.600
68	1550	1775	10100	1078.650
69	2360	2710	9910	720.800
70	1125	3145	8595	1255.800
71	1375	3400	5670	587.600
72	2200	4145	6805	803.000
73	535	4280	7850	120.380
74	1390	2880	8100	956.000
75	1200	3450	5530	962.850
76	820	3920	1585	1075.250
77	2375	1730	2010	854.100
78	2330	4810	8050	476.000
79	2785	1940	985	242.500
80	4145	3185	835	863 650
81	2650	4220	1245	564.100
82	1985	4255	960	520.300
83	3585	2290	3305	877.500
84	2065	2495	750	492.000
85	1710	3475	890	300.800
86	1405	1545	1285	567.750
87	2170	2939	825	584.400
88	2080	2340	1255	297.000
89	2045	4015	665	466.950
90	1560	3620	1005	742.500
91	1905	2440	765	363.200
92	2735	1750	1555	321.650
93	2100	1880	625	391.850
94	1925	2535	665	491.500

N°s des ÉCHANTILLONS	AZOTE	ACIDE PHOSPHORIQUE	POTASSE	CHAUX TOTALE
	kg.	kg.	kg.	kg.
95	1365	2830	1155	755.650
96	4280	2830	2390	282 200
97	3185	2185	2320	117.300
98	2720	3860	2880	218.700
99	3205	3185	3320	392 400
100	3040	5130	1835	52.100
101	2325	3250	1830	129 750
102	1580	4775	1930	195.000
103	4165	5325	1905	563.150
104	3430	6220	2265	231.650
105	2680	3675	1975	111.950
106	2560	4195	3305	292.500
107	5475	5300	3325	1241.850
108	2745	4950	4815	1323.000
109	3090	4705	4740	885.400
110	3405	3180	4620	311.600
111	2670	2835	7060	173 500
112	1175	3430	8565	756 000
113	2910	2715	8450	166 250
114	2640	3355	8595	487.500
115	3710	3940	10495	346.400
116	3850	990	6145	552.500
117	1075	860	4585	399.750
118	3445	1320	6950	102.500
119	2355	1770	3910	313.050
120	2290	2035	5475	472.800
121	2155	2050	2485	293.200
122	2240	2915	7660	451.800
123	2440	1730	2270	134.000
124	1985	2565	4045	170.500
125	2580	2200	4855	409.000
126	3250	3270	4405	420.000
127	3050	1705	2685	396.000

Nos des ÉCHANTILLONS	AZOTE	ACIDE PHOSPHORIQUE	POTASSE	CHAUX TOTALE
	kg.	kg.	kg.	kg.
128	2365	2085	3225	760.500
129	2250	2985	3675	824.600
130	2900	2935	2475	682.500
131	2485	3425	2280	785.750
132	2040	1930	3040	762.450
133	2365	2265	3350	768.250
134	2575	2975	4045	859.500
135	2410	2355	3715	613.900

Composition moyenne, par quartier, pour 1000 de terre brute, des sols arables répondant aux divers terrains géologiques.

Périmètre du Quartier et Lieux-dits	Éléments constituants et fertilisants du sol	Molasse	Alluvions	Eboulis
		gr.	gr.	gr.
1° Route de Malaucène, limite de la commune de Caromb et le Mèdes jusqu'au hameau de Serres.	Cailloux	84	14	60
Serres, le Mourre de Compagnery, Bacchus, le Joncquier, le Puits de Serres, Sersans et les Campagnoles.	Gravier	42	14	23
	Terre fine	874	972	917
	Argile	334	395	431
	Sable	352	200	264
	Calcaire	189	377	222
	Azote	0.191	0.733	0.426
	Acide phosphoriq.	0.618	0.888	0.644
	Potasse	0.766	1.566	1.260
	Chaux	163.34	213.95	168.07
2° Route de Malaucène, limite de la commune d'Aubignan et le Mèdes jusqu'au hameau de Serres.	Cailloux	29	90	21
Clos de Serres, Rocan, les Galères, le Vas, les Carmes, Saint-Martin, la Tapy, Château-vieux, Cossonet.	Graviers	30	27	24
	Terre fine	941	883	955
	Argile	555	351	385
	Sable	153	343	455
	Calcaire	233	189	115
	Azote	0.500	0.432	0.334
	Acide phosphoriq.	1.072	1.239	0.821
	Potasse	1.914	1.418	1.456
	Chaux	188.20	197.08	114.60

Périmètre du Quartier et Lieux-dits	Éléments constituants et fertilisants du sol	Molasse	Alluvions	Eboulis
		gr.	gr.	gr.
3° Le Mèdes depuis le hameau de Serres, limites des communes de Caromb et de Mazan, l'Auzon et la route de Malaucène.	Cailloux	69	151	»
Serres, Datre, la Chaume, les Fonteniers, Angelle, la Reynarde, la Fourtrouse, Rossan, le Martinet, l'Aqueduc, le Lavoir.	Graviers	22	45	»
	Terre fine	909	804	»
	Argile	275	301	»
	Sable	475	336	»
	Calcaire	159	161	»
	Azote	0.387	0.376	»
	Acide phosphoriq.	0.669	0.771	»
	Potasse	1.814	1.496	»
	Chaux	139.70	112.76	»
4° Le Mèdes, la route de Malaucène, la route d'Orange et la limite de la commune d'Aubignan.	Cailloux	121	171	»
Serres, Consenas, Saint-Roch, la Montjoie, Terre blanche, Pierre du Coq, le Lac, la Garrigue.	Graviers	64	81	»
	Terre fine	815	748	»
	Argile	252	271	»
	Sable	382	412	»
	Calcaire	149	64	»
	Azote	0.291	0.331	»
	Acide phosphoriq.	0.771	0.548	»
	Potasse	0.492	0 468	»
	Chaux	154.15	56.65	»
5° La route d'Orange, l'Auzon et la limite des communes de Monteux et Loriol.	Cailloux	94	39	72
Cabanis, l'hôpital vieux, Marignane, la Crozette, les Cinq-Cantons.	Graviers	23	18	50
	Terre fine	883	943	878
	Argile	407	315	325
	Sable	204	384	290
	Calcaire	271	227	263
	Azote	0.429	0.531	0.473
	Acide phosphoriq.	0.482	0.622	0.453
	Potasse	0.672	0.587	0.670
	Chaux	158.74	121.85	153.65

Perimètre du Quartier et Lieux-dits	Éléments constituants et fertilisants du sol	Molasse	Alluvions	Eboulis
		gr.	gr.	gr.
6° L'Auzon, Carpentras-ville, la route de Pernes, limite des communes de Pernes et de Monteux. *Sous la Pyramide, Ville-Marie, Quintine, Graville, Pelatier, Plumaneau, Ste-Famille, Terradou, les Lônes.*	Cailloux	133	204	»
	Graviers	22	59	»
	Terre fine	845	737	»
	Argile	469	294	»
	Sable	300	322	»
	Calcaire	76	120	»
	Azote	0.473	0.546	»
	Acide phosphoriq.	0.417	0.499	»
	Potasse	0.645	1.107	»
	Chaux	152.10	68.80	»
7° Route de Pernes, Carpentras-ville, chemin de la Lègue, limite de la commune de Pernes. *Saint-Labre, Saint-André, Château-rouge, Sous l'hôpital, Sainte-Famille, le Pous du Plan, Vieux Bounias, Pigcolet, les Escours, Saint-Ponchon, Capeau-Failla, les Bouissonnades, Terradou.*	Cailloux	»	99	60
	Graviers	»	29	11
	Terre fine	»	872	929
	Argile	»	365	436
	Sable	»	427	347
	Calcaire	»	68	163
	Azote	»	0.598	0.365
	Acide phosphoriq.	»	0.843	0.484
	Potasse	»	0.663	0.161
	Chaux	»	85.22	100.11
8° L'Auzon, Carpentras-ville, chemin de la Lègue, limite de la commune de Mazan. *Pont des Fonts, les Capucins, les Saffras, les Sablières, le Castellas, la Gardy, Boudelly, les Trouillas, la Boudale, les Teyssières, Chemin creux, la Cadenière, Velobre, Croix de Ponsart, Lanson, la Saumaresse, le Canet, Mourre de Cabus, la Masque, Fauconnette.*	Cailloux	36	86	134
	Graviers	12	24	18
	Terre fine	952	890	848
	Argile	303	399	357
	Sable	403	356	346
	Calcaire	241	142	178
	Azote	0.376	0.395	0.366
	Acide phosphoriq.	0.750	0.595	0.466
	Potasse	0.974	1.122	1.702
	Chaux	149.83	118.77	134.28

INTERPRÉTATION DES RÉSULTATS

L'emploi des engrais, pour être judicieux, doit être basé sur la connaissance approfondie du sol. Or, cette connaissance peut être fournie soit par des considérations géologiques, soit par des expérimentations directes, soit par l'analyse chimique; les trois procédés, loin de s'exclure les uns les autres, s'appuient et se complètent mutuellement.

Mais l'expérimentation directe offre l'inconvénient de ne fournir des renseignements qu'à longue échéance. L'analyse chimique, au contraire, évite les essais, les tatonnements, les longues écoles; elle répond plus rapidement à la question posée par le praticien, et, en lui fournissant des résultats presque immédiats, elle le met sur la trace des modifications à introduire dans ses fumures.

Suivant la quantité de matières fertilisantes contenues dans les terres, elles sont classées comme très riches, riches ou pauvres, etc., en certains éléments. Cette classification a une grande importance en agriculture. Aussi, nous allons indiquer dans les tableaux ci-dessous les quantités de chaque élément qui font que les terres sont classées dans telle ou telle catégorie, et, pour éviter les recherches, nous classerons chacun des échantillons dans la catégorie qui lui convient.

Azote

Terres très pauvres, celles qui contiennent moins de 0 gr. 5 p. 1000 de terre brute.

N^os^ *des échantillons.* — 1 2 3 4 5 6 7 8 9 10 11 12 13 14 15 16 18 19 20 21 22 23 24 25 26 27 29 30 31 34 35 36 37 38 39 40 41 43 44 45 47 48 49 50 51 52 54 55 56 57 58 59 62 63 64 65 66 67 68 69 70 71 72 73 74 75 76 77 78 82 84 85 86 87 88 89 90 91 93 94 95 101 102 112 117 119 120 121 122 123 128 129 131 132 133 135.

Terres pauvres, contenant de 0 gr. 5 à 1 p. 1000 de terre brute.

N^{os} *des échantillons.* — 17 28 33 42 46 53 60 61 79 80 81 83 92 96 97 98 99 100 103 104 105 106 108 109 110 111 113 114 115 116 118 124 125 126 127 130 134.

Terres de richesses moyennes, contenant 1 p. 1000 de terre brute.

N^{os} *des échantillons.* — 107.

Terres riches, contenant de 1 à 2 p. 1000 de terre brute.

N^{os} *des échantillons.* — 32.

Terres très riches, au-dessus de 2 de terre brute. — Néant

Acide phosphorique

Terres très pauvres, celles qui contiennent moins de 0.1 d'acide phosphorique p. 1000 de terre brute. — Néant.

Terres pauvres, contenant de 0.1 à 0.5.

N^{os} *des échantillons.* — 1 2 9 11 26 34 37 51 61 62 65 68 77 79 83 84 86 88 91 92 93 97 117 118 119 120 121 123 125 127 128 132 133 135.

Terres de richesses moyennes, contenant de 0.5 à 1 p. 1000 de terre brute.

N^{os} *des échantillons.* — 3 5 6 8 10 12 13 14 15 17 21 22 23 24 27 29 30 31 32 33 35 36 38 39 40 41 43 44 45 46 47 48 49 50 52 53 54 55 56 57 58 59 60 63 66 67 69 70 71 72 73 74 75 76 78 80 81 82 85 87 89 90 94 95 96 98 99 101 102 106 108 109 110 111 112 113 114 115 116 122 124 126 129 130 131 134.

Terres riches, contenant de 1 à 2 p. 1000 de terre brute.

N^{os} *des échantillons.* — 4 7 16 18 19 20 25 28 42 64 100 103 104 105 107.

Terres très riches, au-dessus de 2 p. 1000 de terre brute. — Néant.

Potasse

Terres pauvres, celles qui contiennent moins de 1 gr. p. 1000 de terre brute.

N^os des échantillons. — 1 2 3 4 5 6 7 8 9 10 11 12 13 14 15 16 20 23 24 25 26 34 36 37 38 44 76 77 78 79 80 81 82 83 84 85 86 87 88 89 90 91 92 93 94 95 96 97 98 99 100 101 102 103 104 105 106 107 108 109 110 117 119 121 123 124 125 126 127 128 129 130 131 132 133 134 135.

Terres de richesses moyennes, contenant de 1 gr. à 1 gr. 5 p. 1000 de terre brute.

N^os des échantillons. — 19 21 27 29 31 35 39 40 41 43 45 58 59 64 65 71 72 75 111 116 118 120.

Terres riches, contenant 1 gr. 5 à 2 p. 1000 de terre brute.

N^os des échantillons. — 17 22 28 30 32 33 42 47 48 49 61 62 66 67 69 70 73 74 112 113 114 122.

Terres très riches, contenant plus de 2 gr. p. 1000 de terre brute.

N^os des échantillons. — 18 46 50 51 52 53 54 55 56 57 60 63 68 115.

Chaux

Terres renfermant de 1 à 100 p. 1000 de terre brute.

N^os des échantillons. — 1 2 5 7 8 9 10 11 12 14 15 17 22 23 24 26 33 40 41 42 46 49 50 51 52 54 56 58 59 60 61 62 78 79 84 85 88 89 91 92 93 94 96 97 98 99 100 101 102 104 105 106 110 111 113 114 115 117 118 119 120 121 122 123 124 125 126 127.

Terres renfermant de 101 à 200 p. 1000 de terre brute.

N^os des échantillons. — 4 13 20 21 25 27 28 29 34 35 36 37 38 43 44 45 47 48 55 57 63 64 65 66 69 71 72 74 75 77 80 81 82 83 86 87 90 95 103 109 112 116 128 129. 130 131 132 133 134 135.

Terres renfermant de 201 à 300 p. 1000 de terre brute.

N^{os} des échantillons. — 3 6 16 18 19 30 31 32 39 67 68 70 73 76 107 108.

Terres renfermant de 301 à 400 p. 1000 de terre brute.

N^{os} des échantillons. — 53.

En résumé, sur le territoire de la commune de Carpentras, les terres sont :

Très pauvres en azote.

D'une richesse moyenne en acide phosphorique, sauf dans le périmètre compris entre la route de Malaucène, la limite d'Aubignan et le Mèdes, où elles sont riches en cet élément.

D'une richesse moyenne en potasse, sauf dans le périmètre compris entre le Mèdes, la route de Malaucène, le chemin de la Lègue et la limite des communes de Pernes, Monteux, Loriol et Aubignan, où elles sont pauvres en cet élément.

Riches, sans excès, en chaux.

Engrais

Les végétaux, à l'exception des légumineuses, puisent dans la terre la plus grande partie des principes qu'ils contiennent.

Pour que la terre soit féconde, il faut qu'elle renferme en quantité suffisante les éléments fertilisants : azote, acide phosphorique, potasse et chaux, et pour qu'elle puisse conserver cette fécondité et donner toujours des produits abondants, on doit lui rendre par des *fumures rationnelles* ce que les récoltes lui enlèvent ; c'est-à-dire observer *la loi de restitution.*

On comprend dès lors que la fumure ou fumier de ferme est insuffisante et qu'il faut y ajouter des engrais chimiques.

Une fumure rationnelle est celle qui apporte au sol ce dont il a besoin pour produire une bonne récolte, en tenant compte de la richesse naturelle du sol.

La richesse naturelle du sol, celle que donne l'analyse chimique, a évidemment une grande importance : on conçoit aisément qu'une terre pauvre en azote, par exemple, — comme toutes celles de Carpentras, — exige une plus grande quantité de cet élément qu'une autre qui en est bien pourvue.

Pour fixer le poids et la composition d'une fumure quelconque, composée soit d'engrais chimiques seuls, soit d'engrais mixtes (engrais chimiques associés au fumier de ferme), les calculs sont basés, l'expérience aidant, sur la récolte que le cultivateur vient d'obtenir ou se propose de réaliser, en majorant le poids de l'élément manquant.

Afin de permettre aux agriculteurs d'établir eux-mêmes leurs fumures, en utilisant leurs connaissances du terrain, et pour faciliter les calculs, nous avons dressé un tableau d'après MM. Müntz, Girard et Wolf, qui indique la quantité d'éléments fertilisants contenus dans 1000 parties des plantes. Il indique également la quantité de ces mêmes éléments dans le fumier de ferme et dans 100 kil. des divers engrais du commerce.

Toutefois, nous donnerons quelques formules d'engrais préconisées par des agronomes distingués, formules qui ont la sanction de l'expérience.

Culture du blé et de l'avoine

1° *Engrais chimiques*

Nitrate de soude	150 kil.	par hectare
Sulfate d'ammoniaque	150	—
Superphosphate de chaux à 15 p. 0/0	300	—
Chlorure de potassium à 45 p. 0/0	100	—
Plâtre	300	—

2° *Engrais mixtes*

Fumier de ferme	10.000 kil.	par hectare
Nitrate de soude	200	—
Superphosphate de chaux	100	—
Plâtre	300	—

Ces matières, sauf le nitrate de soude, le sulfate d'ammoniaque et 200 kil. de plâtre, seront semées à la volée et mélangées au sol quelques jours avant les semailles. Le nitrate de soude et le sulfate d'ammoniaque et 100 kil de plâtre ne seront répandus qu'au commencement de mai. Toutefois, dans les sols argileux, on pourra additionner aux premières matières utilisées une petite quantité de sulfate d'ammoniaque.

Culture de la pomme de terre

1° Engrais chimiques

Nitrate de soude	150 k.	par hectare
Sulfate d'ammoniaque	250	—
Superphosphate de chaux	250	—
Chlorure de potassium	250	—
Plâtre	200	—

2° Engrais mixtes

Fumier de ferme	10.000 k.	par hectare
Sulfate d'ammoniaque	140	—
Superphosphate de chaux	100	—
Chlorure de potassium	120	—
Plâtre	200	—

Ces matières, sauf le nitrate de soude, sont répandues avant la plantation. Le nitrate de soude sera répandu, au moment de la levée des plants, puis enterré par un binage.

Culture du sorgho ou millet à balais

1° Engrais chimiques

Nitrate de soude	350 k	par hectare
ou Sulfate d'ammoniaque	250	—
Chlorure de potassium	200	—
Superphosphate de chaux	400	—
Plâtre	300	—

Engrais mixtes

Fumier de ferme	10.000 k	par hectare
Nitrate ne soude	125	—
Chlorure de potassium	100	—
Superphosphate de chaux	200	—
Plâtre	400	—

Engrais mixtes (2ᵉ formule)

Tourteau à 5 p. 0/0 d'azote	1200 k.	par hectare
Chlorure de potassium	150	—
Superphosphate de chaux	300	—
Plâtre	400	—

Le fumier de ferme sera répandu et enterré par un labour dans le courant de l'hiver. Les engrais chimiques et le tourteau ne seront répandus que quelques jours avant le semis.

Pour prairies

Engrais chimiques

Nitrate de soude	100 k.	par hectare
Sulfate d'ammoniaque	200	—
Superphosphate de chaux	200	—
Chlorure de potassium	150	—
Plâtre	400	—

La fumure sera répandue sur la prairie fin janvier. On peut réserver 50 k. de nitrate de soude et 100 k. de sulfate d'ammoniaque que l'on répandra seulement après la première coupe.

Une irrigation très abondante et prolongée pendant la saison d'hiver est également d'une grande efficacité.

Culture de la luzerne

Engrais chimiques

Sulfate de potasse	300 k.	par hectare
Superphosphate de chaux	500	—
Plâtre	200	—

Cette fumure sera répandue en novembre ou au commencement de décembre, après quoi on donnera un labour.

Culture de l'olivier

1° *Engrais chimiques*

Nitrate de soude	600 gr.	par pied
ou Sulfate d'ammoniaque	375	—

Superphosphate de chaux	1000	gr. par pied
Chlorure de potassium	350	—
Plâtre	300	—

2° *Engrais mixtes*

Tourteaux à 5 p. 0/0 d'azote	2000	gr. par pied
Chlorure de potassium	320	—
Superphosphate de chaux	700	—
Plâtre	400	—

L'engrais chimique doit être appliqué en mars et l'engrais mixte aussitôt après la cueillette. Il est répandu dans une cuvette sur une surface qui ne doit pas dépasser la partie aérienne, et recouvert de terre.

Culture de la vigne

1° *Engrais chimiques*

TERRAINS LÉGERS ET CALCAIRES

Sulfate d'ammoniaque	400	k. par hectare
Superphosphate de chaux	400	—
Sulfate de potasse	200	—
Plâtre	400	—

TERRAINS COMPACTES ARGILEUX

Nitrate de soude	500	k. par hectare
Superphosphate de chaux	400	—
Chlorure de potassium	200	—
Plâtre	400	—

TERRAINS ARGILO-CALCAIRE

Nitrate de soude	400	k. par hectare
ou Sulfate d'ammoniaque	300	—
Superphosphate de chaux	400	—
Sulfate de potasse ou Chlorure de potassium	200	—
Plâtre	400	—

2° *Engrais mixtes*

Fumier de ferme	8000	k. par hectare
Nitrate de Soude	200	—
Sulfate de potasse	150	—
Superphosphate de chaux	100	—
Plâtre	400	

Ces engrais doivent être répandus dès le mois de décembre, sauf cependant le nitrate de soude et le sulfate d'ammoniaque qui ne sont répandus qu'en mars.

Ils sont mis, pour les vignes en production, en couverture et enterrés par un labour.

Culture des légumes

Pour les plantes alimentaires, desquelles on ne récolte que les feuilles, telles que cardons, artichaux, épinards, salades diverses, choux, poireaux, céleri, etc., etc., c'est l'élément azoté qui doit dominer dans la fumure.

Engrais chimiques

Nitrate de soude	2 k. 500	par are
Sulfate d'ammoniaque	2 k. 500	—
Superphosphate de chaux	1 k. 500	—
Chlorure de potassium	1 k.	—
Plâtre	4 k. 500	—

Pour les plantes alimentaires desquelles on ne récolte que le fruit, telles que haricots, pois, fèves, fraises, etc., etc., on appliquera une fumure dans laquelle l'acide phosphorique et la potasse domineront. L'excès d'azote doit être évité, car il favorise l'allongement de la tige au détriment des fruits.

Nitrate de soude	1 k.	par are
Sulfate d'ammoniaque	1 k.	—
Superphosphate de chaux	3 k.	—
Chlorure de potassium	1 k. 500	—
Plâtre	4 k. 500	—

L'engrais sera mélangé au sol avant le semis ou la plantation, ou bien on le répandra en couverture et on l'enterrera par un binage; l'eau d'arrosage le fera pénétrer jusqu'aux racines.

Arbres fruitiers

Pour obtenir de beaux fruits, l'engrais doit contenir un excès d'acide phosphorique.

Engrais chimiques

Nitrate de soude	500 gr.	par pied
Sulfate d'ammoniaque	500	—
Superphosphate de chaux	1000	—
Chlorure de potassium	300	—
Plâtre	400	—

L'engrais doit être appliqué comme il a été dit pour la culture de l'olivier.

USAGE DE LA CARTE

L'emploi rationnel des engrais suppose la connaissance de la composition du sol au point où se trouve le terrain qu'on veut cultiver.

Pour atteindre ce but, l'agriculteur déterminera approximativement sur la carte la position de son champ en se repérant sur les chemins, les rivières ou autres points remarquables, et marquera au crayon le point correspondant.

Si ce point tombait à proximité d'une des prises d'échantillons analysés, il n'aurait qu'à prendre les résultats donnés par le diagramme de la carte, au point considéré, ou mieux se reporter aux tableaux de la « Notice explicative » (pages de 11 à 21).

Mais dans la majorité des cas il n'en est pas ainsi, le point marqué se trouve soit sur la ligne qui joint deux prises d'échantillons, soit en dehors.

Examinons ces deux cas.

1° *Le point marqué a se trouve sur la ligne qui joint les prises 1 et 3.*

Si la composition en éléments fertilisants des points 1 et 3 ne diffère pas beaucoup, il suffira d'attribuer au point *a* la composition du point le plus voisin, *3*. S'il y a des différences notables, il faudra recourir à un calcul très simple.

Supposons que la prise *1* contienne 0 gr. 625 d'azote
— *3* — 0 gr. 410 —

On tracera au crayon la ligne *1-3*.

On divisera ensuite, à simple vue, les deux portions *1 a* et *a 3* de la ligne qui joint les 2 échantillons analysés, en un petit nombre de parties à peu près égales ; dans le cas qui nous occupe, *1 a* en 3 parties et *a 3* en 2, et on dira : la différence entre l'azote de *1* et de *3* est 0,215, une division correspond à une différence de 0,215 divisé par 5, soit 0,043 ; deux divisions correspondent à 0,043 multiplié par 2, soit 0,086.

Donc l'azote au point *a* sera 0,410+0,086=0 gr. 496. On fera de même pour les autres éléments considérés un à un.

2° *Le point marqué b se trouve en dehors de la ligne qui joint les prises d'échantillons 6 et 7.*

Si la composition en éléments fertilisants des points les plus rapprochés *3, 6* et *7*, ne diffère pas beaucoup, il suffira d'attribuer au point *b* la composition du point *7* le plus rapproché. Si, au contraire, la différence est très notable, il faudra recourir au calcul que nous avons indiqué, en se servant, toutefois, d'un point intermédiaire *x*.

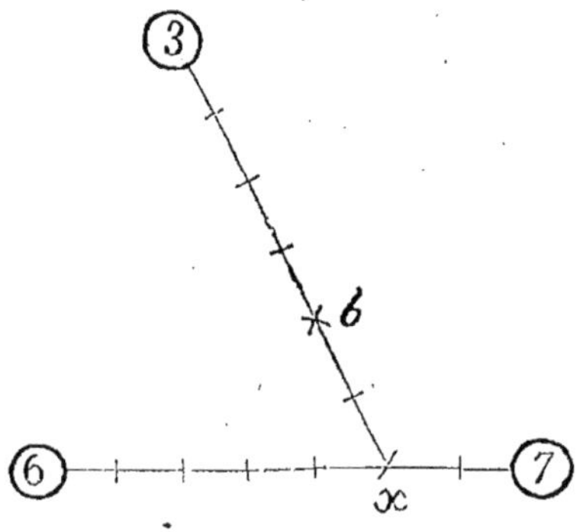

Supposons que la prise *3* contienne 1 gr. 420 de potasse
— *6* — 1 gr. 225 —
— *7* — 1 gr. 120 —

On tracera au crayon sur la carte les lignes *6-7*, puis *3-b*, que l'on prolongera jusqu'à ce qu'elle coupe la ligne *6-7*, en *x*.

On déterminera ensuite la composition de la terre en ses divers éléments au point intermédiaire *x*, comme nous l'avons fait pour le cas précédent, c'est-à-dire :

On divisera, à simple vue, les deux portions *6-x* et *x-7* de la ligne *6-7* en un petit nombre de parties à peu près égales ; dans le cas qui nous occupe, *6-x* en 5 parties et *x-7* en 2 parties, et on dira : la différence entre la potasse de *6* et de *7* étant de 0 gr. 105, une division correspond à une différence de 0,105 divisé par 7, soit 0,015. Cinq divisions correspondent à 0,015 multiplié par 5, soit 0,075. Donc la potasse du point intermédiaire *x* sera 1,225—0,075=1,150.

On fera de même pour les autres éléments considérés un à un.

On a ainsi tous les éléments du point intermédiaire *x*. Maintenant, pour obtenir les éléments au point *b*, on procède de même ; on divise les deux portions *3-b* et *b-x* de la ligne *3-x* en un petit nombre de parties égales ; dans le cas qui nous occupe, *3-b* en 4 parties et *b-x* en 2, et on dira : la différence entre la potasse de *3* et de *x* est de 0,270 ; une division correspond à 0,270 divisé par 6, soit 0,045. Deux divisions correspondent à 0,045 multiplié par 2, soit 0,090. Donc la potasse du point considéré *b* sera 1,150+0,090=1 gr. 240.

Et ainsi pour les autres éléments considérés un à un.

On aura ainsi l'analyse du sol aux points considérés *a* et *b*, non pas sans doute avec la même exactitude que si on l'avait faite directement avec des échantillons de terre pris en chacun de ces points, mais avec une approximation suffisante pour les besoins de la pratique.

Il est évident que, dans ces calculs, on doit prendre comme échantillons voisins du point considéré, ceux pris dans le même terrain géologique.

Une fois la composition du sol connue, ainsi que les espèces à cultiver, dont la composition est indiquée sur un tableau exposé dans le local du Comice agricole, l'agriculteur déterminera la composition et le poids de l'engrais à employer en procédant comme nous l'avons indiqué, *suivant la loi des restitutions*, en tenant compte de son expérience et des avis des hommes compétents.

EXTRAIT

Des Tables dressées par M. WOLF, pour le calcul de l'épuisement et de l'enrichissement du sol

POIDS moyen d'azote, d'acide phosphorique, de potasse et de chaux contenus dans 1000 kilog. de substances fraîches ou desséchées à l'air.

INDICATION DES MATIÈRES	AZOTE	ACIDE PHOSPHORIQUE	POTASSE	CHAUX
Fourrages secs	kg.	kg.	kg.	kg.
Foin de prairies	15.5	4.3	16.0	9.5
Herbe jeune et regain	19.1	5.9	22.3	10.4
Foin de trèfle en fleurs	19.7	5.6	18.6	20.1
Foin de trèfle mûr	12.5	4.4	10.0	15.8
Foin de trèfle mêlé d'herbe	17.8	5.3	25.6	5.6
Foin de tréfle incarnat	19.5	3.6	11.7	16.0
Foin de luzerne	23.0	5.3	14.6	25.2
Foin de sainfoin	22.1	4.6	13.0	16.8
Foin de vesces en fleurs	22.7	6.2	19.7	16.3
Fourrages verts				
Herbe de prairies en fleurs	4.8	1.2	4.7	2.8
Herbe jeune et regain	5.6	1.4	5.3	2.5
Avoine pour fourrage.	3.7	1.3	5.6	0.9
Maïs vert	1.9	1.0	3.7	1.4
Trèfle ordinaire en fleurs	4.8	1.3	4.4	4.8
Trèfle ordinaire mêlé d'herbe	5.3	1.6	7.6	1.7
Trèfle incarnat	4.3	0.8	2.6	3.6
Luzerne en floraison	7.2	1.6	4.5	8.5
Sainfoin en fleurs	5.1	1.1	3.1	4.0
Vesce verte	5.6	1.3	4.3	3.5

INDICATION DES MATIÈRES		AZOTE	ACIDE PHOSPHORIQUE	POTASSE	CHAUX
Céréales					
		kg.	kg.	kg.	kg.
Blé	Grain	20.8	7.9	5.2	0.5
	Paille	4.8	2.2	6.3	2.7
	Balle	7.2	4.0	8.4	1.7
Avoine	Grain	19.2	6.8	4.8	1.0
	Paille	5.6	2.8	16.3	4.3
	Balle	6.4	1.3	4.6	»
Orge	Grain	16.0	7.8.	4.7	0.6
	Paille	6.4	1.9	10.7	3.3
Maïs	Grain	16.0	5.7	3.7	0.3
	Paille	4.8	3.8	16.4	4.9
	Rafles d'épis	2.3	0.2	2.3	0.2
Pois	Grain	35.8	8.4	10.1	1.1
	Paille	10.4	3.5	9.9	15.9
Fèves	Grain	39.0	9.7	12.1	1.7
	Paille	»	3.9	12.8	11.1
Vesces	Grain	44.0	9.9	8.0	2.2
	Paille	12.0	2.7	6.3	15.6
Millet		20.3	6.5	3.2	0.2
Racines et Tubercules					
Pommes de terre	Tubercules.	3.4	1.6	5.8	0.3
	Feuil.- tiges	4.9	1.6	4.3	6.4
Betteraves fourragres.	Racines	1.8	0.8	4.8	0.3
	Feuilles	3.0	1.0	4.5	1.6
Betteraves sucrières.	Racines	1.6	0.9	3.8	0.4
	Feuilles	3.0	0.7	4.0	3.1
Carottes	Racines	2.2	1.1	3.0	0.9
	Feuilles	5.1	1.0	2.9	7.9

INDICATION DES MATIÈRES	AZOTE	ACIDE PHOSPHORIQUE	POTASSE	CHAUX
Fruits				
	kg.	kg.	kg.	kg.
Cerise	»	0.6	2.0	0.3
Fraise	5.4	0.5	0.7	0.5
Vigne. — Vin	0.2	0.3	1.7	0.2
Vigne. — Marcs	10.0	3.0	5.0	5.0
Vigne. — Feuilles	8.0	1.6	2.8	24.0
Vigne. — Sarments	2.0	0 4	3.0	5.2
Légumes				
Asperge	3.2	0.9	1.2	0.6
Radis	1.9	0.5	1.6	0.7
Céleri	2.4	2.2	7.6	2.3
Artichaut	»	3.9	2.4	1.0
Chou	3.0	1.1	4 3	1.2
Laitue	»	0.7	3.7	0.5
Salade romaine	2.0	1.1	2.5	1.2
Épinard	4.9	1.6	2.7	1.9
Poireau	3.4	0.6	3 1	1.7
Oignons	2.7	1.3	2.5	1.6
Plantes industrielles				
Tabac. — Feuilles	34.8	6.6	40.9	50.7
Tabac. — Tiges	24.6	9.2	28.2	12.4
Mûrier. — Feuilles	14.0	2.4	7.3	9.6
Oliviers. — Feuilles	5.0	2.9	7.4	14.5
Oliviers. — Fruits	2.7	1.3	3.6	»

INDICATION DES MATIÈRES	AZOTE	ACIDE PHOSPHORIQUE	POTASSE	CHAUX
Produits et déchets d'industrie				
	kg.	kg.	kg.	kg.
Drèche de brasserie	7.8	3.9	0.4	1.5
Pulpe de sucrerie	2.9	1.1	3.8	2.5
Mélasse de betteraves	12.8	0.5	58.7	4.1
Tourteaux de colza	50 5	20.0	13.0	7.1
» d'olives	9.6	2 5	7.9	6.1
» de sésame	58.6	32.7	14.5	25.1
» d'arachides	75.6	13.1	15.0	1.6
» de palme	25.9	11.0	5.0	3.1
» de graine de coton décortiquée.	62.1	30.5	15.8	2.9
» de graine de coton brut	39.0	12.4	16.5	»
» de coprah	39.0	11.1	25.4	»
» de ricin brut	36.7	16.2	11.2	»
» de ricin décortiqué	74.2	22.6	»	»
Cendres de bois de chêne	»	60 à 80	80à160	300à500
Cendres de bois lessivées	»	20	15.	285
Suie de bois	13.0	4.0	24.0	100.00
Cendres de houille	»	8.0	5.0	85.0
Suie de houille	10 à 36	3.5	5 à 27	40 à 50
Déjections				
Déjections humaines.... (solides	16.0	10	5.	»
Déjections humaines.... (liquides	9.5	2	1.8	»
Déject. de bêtes à cornes (solides	3.6	1.5	2.5	»
Déject. de bêtes à cornes (liquides	7.8	»	1.5	»
Déjections du cheval.... (solides	5.5	3.0	5.4	»
Déjections du cheval.... (liquides	14 0	»	»	»
Déjections du mouton... (solides	7.2	4.4	»	»
Déjections du mouton... (liquides	13.1	0.4	»	»

INDICATION DES MATIÈRES	AZOTE	ACIDE PHOSPHORIQUE	POTASSE	CHAUX
Déjections				
	kg.	kg.	kg.	kg.
Déjections des pigeons	17.6	17.8	10.0	16 0
Déjections des poules	16.3	15.4	8.5	24.0
Fumier de bêtes à cornes	3.4	1.6	4.0	3.1
» de cheval	5.8	2.8	5.3	2.1
» de mouton	8.3	2.3	6.7	3.3
» de porc	4.5	1.9	0.6	0.8
Phospho-guanos				
Guano de Howland	»	356.00	14.0	419.0
Guano de Sidney	8.0	365.0	24.0	362.0
Guano de poisson de Norwège	85.0	138.0	3.0	16.00
Guano de baleine	76.0	135.0	»	165.0
Poudrette	18.0	28.0	11.0	72.0
Poudre d'animaux abattus	65.0	139.0	3.0	182.0
Corne moulue et raclures	102.0	55.0	»	66.0
Sang désséché en poudre	118.0	12.0	7.0	8.0
Cuirs désagrégés	7.5	»	»	»
Chrysalides de vers à soie	94.2	18.20	10.80	»

ENGRAIS CHIMIQUES

DÉSIGNATION DES ENGRAIS	Pour cent d'élément fertilisant. A L'ÉTAT PUR	Pour cent d'élément fertilisant. DU COMMERCE	OBSERVATIONS
1° Engrais azotés			La valeur des engrais dépend de la proportion des éléments fertilisants qu'ils renferment à un état assimilable pour les plantes. Leurs prix, variables suivant les cours, oscillent entre : *1° Azote* 1 fr. 35 et 1 fr. 50 le kg. *2° Acide phosphorique* 0 fr. 40 et 0 fr. 50 le kg. *3° Potasse* 0 fr. 35 et 0 fr. 40 le kg.
Sulfate d'ammoniaque........	21.21	20 à 21	
Nitrate de soude............	16.47	15 à 16	
Nitrate de potasse..........	13.86	12 à 13	
2° Engrais phosphatés			
Phosphte fossille ou tricalcique.	»	15 à 25	
Phosphate d'os.............	»	25 à 30	
Phosphte précipité ou bicalcique	»	35 à 40	
Superphosphate.............	»	10 à 18	
Scories de déphosphoration...	»	7 à 20	
3° Engrais potassiques			
Chlorure de potassium........	63.14	40 à 55	
Sulfate de potasse...........	54.30	44 à 50	
Carbonate de potasse.........	68.11	52 à 63	
Nitrate de potasse...........	46.54	42 à 45	
Kaïnite brute................	»	12 à 13	

www.ingramcontent.com/pod-product-compliance
Ingram Content Group UK Ltd.
Pitfield, Milton Keynes, MK11 3LW, UK
UKHW020215200726
13856UKWH00004B/1403

9 782011 339874